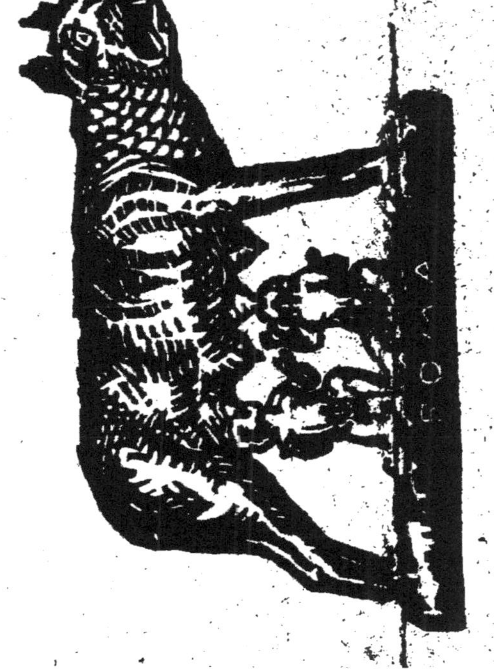

Sédillot

—

Deuxième Lettre à M. de Humboldt
sur quelques points de l'histoire de
l'astronomie et des mathématiques chez
les Orientaux

DEUXIÈME LETTRE

A M. DE HUMBOLDT

SUR

QUELQUES POINTS DE L'HISTOIRE

DE

L'ASTRONOMIE ET DES MATHÉMATIQUES

CHEZ LES ORIENTAUX

Paris. — Typographie de Firmin Didot frères, fils et Cie, rue Jacob, 56.

DEUXIÈME LETTRE

A M. DE HUMBOLDT

SUR

QUELQUES POINTS DE L'HISTOIRE

DE

L'ASTRONOMIE ET DES MATHÉMATIQUES

CHEZ LES ORIENTAUX,

PAR

M. L.-AM. SÉDILLOT.

PARIS

TYPOGRAPHIE DE FIRMIN DIDOT FRÈRES, FILS ET Cie

IMPRIMEURS DE L'INSTITUT,

RUE JACOB, 56.

1859

A MONSIEUR DE HUMBOLDT.

Monsieur et illustre Maitre,

J'ai longtemps hésité à vous adresser cette lettre, dans la pensée qu'on pourrait se méprendre sur sa portée. Ne partageant pas l'opinion de plusieurs de vos confrères de l'Institut de France, je crains toujours qu'on n'attribue aux attaques dont j'ai été l'objet de leur part, ou au souvenir de mes échecs académiques, la défense parfois un peu vive de mes convictions. Je ne céderai pas cependant à une fausse susceptibilité, car je me suis, sur ce dernier point, soumis, sans appel, aux décisions de scrutins déjà loin de nous. N'aurais-je pas, d'ailleurs, quelque droit de me glorifier de ce passé? Après avoir obtenu l'égalité des suffrages dans une élection, échoué d'une seule voix dans une autre, succombé dans une troisième devant la candidature improvisée d'un brillant écrivain, alors ministre de l'instruction publique, puis-je oublier que mon père, savant si distingué, honoré d'un grand prix décennal, n'a pas été de l'Académie des Inscriptions et Belles-Lettres, et, certes, ne dois-je pas être fier d'avoir consacré ma vie à la continuation de ses importants travaux, tout en partageant avec lui ce mécompte ou cet ostracisme?

Je suis sûr aussi, Monsieur, qu'en vous parlant de l'histoire des sciences je m'adresse à un juge peu préoccupé des questions de personnes. Tout le monde connaît le zèle avec lequel vous avez toujours cherché à propager le goût de la véritable érudition et la part que vous avez prise aux plus remarquables découvertes. Si vos efforts n'ont pas trouvé beaucoup d'imitateurs, nous ne vous en savons pas moins gré de cette heureuse disposition d'esprit qui vous a toujours porté à encourager les investigations sur une branche aussi précieuse des connaissances humaines ; l'on ne pourra jamais trop louer la bienveillante indulgence dont vous avez constamment fait preuve envers le mérite modeste, et cette loyauté scientifique, si rare de nos jours, dont vous êtes un des plus dignes représentants.

Pourquoi donc votre voix n'a-t-elle pas été entendue? Pourquoi l'histoire de l'astronomie et des mathématiques chez les Orientaux est-elle à peine explorée? Quelles peuvent être les causes d'une semblable indifférence?

La première et la plus influente, à mon sens, c'est que l'histoire des sciences exactes n'a sa place marquée ni dans l'enseignement supérieur, ni dans les grands centres d'instruction secondaire. Il eût été au moins à désirer que les diverses classes de l'Institut, qui offrent, par leur organisation, le double avantage de pouvoir exposer et discuter devant elles les faits et les doctrines, ce qu'on ne saurait obtenir d'aucune autre assemblée, accueillissent avec empressement les travaux de ce genre et en devinssent le foyer le plus actif; mais elles ont cédé à la regrettable erreur de cette partie du public qui croit que les recherches historiques ne sont pas du ressort de l'Académie des Sciences, et que tout ce qui touche aux mathématiques doit être répudié par l'Académie des Inscriptions et Belles-Lettres. — Sans doute, si l'on ne donnait le nom d'histoire qu'à des relations de guerres ou d'événements politiques, la plupart suscités par la cupidité, l'ambition, la colère et la haine; s'il n'y avait d'historiques que les noms de ceux qui auraient entrepris de soumettre au même joug un grand nombre d'hommes destinés par leurs mœurs, leur langage et leurs lois, à former autant de nationalités distinctes, de tels écrits pourraient paraître s'écarter de la sphère toute pacifique des sciences d'observation; mais l'esprit humain a aussi son histoire, moins sombre et non moins élevée, et la connaissance des découvertes antérieures fait en quelque sorte partie intégrante de la science elle-même.

Si, d'un autre côté, les belles-lettres s'isolent de plus en plus, en repoussant tout ce qui présente un caractère scientifique, ne se condamnent-elles pas à un état d'immobilité voisin de la décadence? N'est-ce pas avouer son impuissance que de se déclarer complétement étranger à des questions dont le monde entier se préoccupe si vivement?

C'est surtout en ce qui concerne l'orientalisme que cette ignorance se manifeste. Nous avons eu déjà l'occasion de signaler de singulières méprises de la part d'hommes éminents dans les lettres (1); eh bien! au lieu de remédier à un mal qui frappe tous les yeux, il semble qu'il y ait parti pris de persévérer dans cette voie funeste, et qu'on se fasse même un point d'honneur de cette défaillance intellectuelle, en poursuivant d'un superbe dédain des études qui feraient disparaître cependant des taches à jamais regrettables pour l'érudition française.

Il existe encore une cause, plus grave peut-être, du discrédit où sont tombés les travaux relatifs à l'histoire des sciences exactes, mais qui ne sera fort heureusement que momentanée : c'est le soin avec lequel certaines per-

(1) Voy. nos *Matériaux pour servir à l'histoire des Sciences mathématiques*, p. 648, et notre *Histoire des Arabes*, p. 487.

sonnes s'attachent, par des motifs bien différents de ceux que nous venons d'énumérer, à déprécier les recherches qui pourraient renverser des opinions dont elles se sont constitué le monopole. En étouffant la lumière sur des questions d'une grande importance elles trouvent moyen de régner sans partage avec une très-petite somme d'idées, et elles apportent à ce procédé, il faut le dire, une adresse des plus remarquables. Dès qu'une hypothèse nouvelle est produite on la repousse quand on ne réussit pas à s'en emparer; on s'efforce de décourager l'auteur par une indifférence affectée ou par une série de faux-fuyants, de critiques indirectes, de sourdes persécutions, et l'on comprend que ceux qui consacrent leurs veilles à de rudes travaux, et qui, au lieu de l'approbation et de l'estime générales, seul prix de tant de peines, ne recueillent que des insultes, déguisées dans le monde académique sous le nom d'*aménités littéraires*, se retirent de la lice et laissent le champ libre aux habiles du jour.

L'heure viendra sans doute où il sera fait

justice de ces tristes iniquités; mais, en attendant, nous sommes obligé de reconnaître que le terrain est en quelque sorte abandonné. Le temps n'est plus où les Silvestre de Sacy, les Arago, les Letronne, les Jaubert, les Chasles, et vous-même, Monsieur et illustre Maître, vous vous préoccupiez si vivement des travaux de l'école arabe, en appelant l'attention du monde savant sur les découvertes que cette école avait pu ajouter à celles des Grecs. Si MM. Morley, en Angleterre, Woepcke, en Allemagne, le prince Boncompagni, en Italie, portent encore de ce côté leurs intéressantes recherches, en France nul ne paraît songer à les imiter. Il semble que le vénérable académicien M. Biot, dont *le Journal des Savants* insère chaque année les nombreux articles, soit aujourd'hui parmi nous le seul représentant de l'histoire des sciences orientales; cependant cet illustre écrivain ne fait que nous ramener par des sentiers frayés à des hypothèses sur lesquelles la critique a dit son dernier mot, et lorsqu'il déclare dans une de ses dissertations qu'il a voulu *établir une vérité évidente d'elle-même aux yeux de ceux qui ne sont pas absolument étrangers à l'art d'observer* (1), il accuse des prétentions si modestes qu'on ne saurait s'en formaliser. Seulement on n'a pas lu sans quelque surprise dans le compte-rendu des séances de l'Académie des Sciences (2) une réclamation de priorité pour certaines idées émises par l'habile et infatigable rédacteur du *Journal des Savants ;* tout en rendant justice à l'incomparable fécondité de sa plume, on a toujours eu à vanter en sa personne l'historien plutôt que l'inventeur. Quels fruits nouveaux pourrions-nous, en effet, tirer de ces notices où l'on constate, à la suite de M. le voyageur Mariette, un fait connu de toute antiquité, l'*orientation des pyramides* (3), et cela d'après des déterminations prises, de l'aveu même de l'auteur, dans des conditions défavorables (4)? Serait-ce l'identification d'une étoile nommée par les Arabes du désert *El regl*, la jambe, avec une des quatre

(1) *Journal des Savants*, juillet 1855, p. 430.
(2) *Comptes rendus*, année 1857, Ier semestre, p. 1221.
(3) *Journal des Savants*, mai, juin et juillet 1855.
(4) *Id.*, juillet 1845, p. 420 et 427.

étoiles du Chariot (carré de la Grande-Ourse) (1), parce que les Égyptiens auraient appelé autrefois cette constellation *la cuisse du ciel* (dont le Chariot aurait formé *la partie la plus épaisse?*) Le mot *regl* ou *rigel* signifie le *pied*, et non la *jambe ;* nous l'avons conservé nous-même dans l'énumération des étoiles d'Orion, et la langue copte n'aurait pas fourni à l'appui d'une semblable hypothèse (si l'on s'en était rapporté à notre savant et regretté Quatremère) une explication plus satisfaisante.

Ailleurs, à l'occasion de deux Mémoires de MM. Brugsch et Ellis, concernant quelques points de l'astronomie égyptienne (2), l'honorable M. Biot décrit tout au long la sphère céleste (3), et il admet sans difficulté qu'en se servant du zodiaque grec les Égyptiens ont pu garder les noms de *Taureau*, *Cancer*, *Vierge*, *Sagittaire*, *Verseau*, *Poissons*, etc., en substituant au LION *le Couteau*, au CAPRICORNE *la Vie* (4). En présence des contradic-

(1) *Journal des Savants*, août 1853, p. 465 et 466.

(2) *Id.*, décembre 1856 et janvier 1857.

(3) *Id.*, janvier 1857, p. 6-13.

(4) *Id.*, *id.*, p. 16.

tions où tombent journellement les égyptologues, il ne s'est pas demandé s'il n'y aurait point là une erreur d'interprétation. Est-ce qu'il ne nous apprend pas lui-même que le rapport établi par Champollion entre Sothis et le mois de Thot est aujourd'hui abandonné (1); qu'à la place de Sothis il faut lire Séki(2); que le caractère commun aux épagomènes, traduit depuis plus de vingt ans par jours *célestes*, veut dire tout simplement jours *complémentaires* (3)? Certes de tels exemples commandent une sage réserve.

Dans une seconde série d'articles, M. Biot, après avoir loué sans restriction (4) M. Brugsch de son Mémoire sur une éphéméride des cinq planètes principales, au temps de Trajan, l'attaque avec violence, en le déclarant *étranger à l'astronomie et à la géographie physique* (5), pour avoir traduit par *æstas* le symbole que Champollion explique par le mot *inondation*.

(1) *Journal des Savants*, juin 1857, p. 368.
(2) *Id.*, août 1857, p. 485.
(3) *Id.*, avril 1857, p. 226.
(4) *Id.*, décembre 1856 et janvier 1857.
(5) *Id.*, avril 1857, p. 222.

A cette occasion il reprend l'exposé de son ancien système, que M. Brugsch connaît assurément, et dont les développements nous ramènent à cette érudition de compas, si commode par la substitution du calcul et d'un globe à pôles mobiles aux traditions historiques et aux monuments écrits. Ainsi, par exemple, en admettant l'usage d'une année tournante de trois cent soixante jours avec cinq épagomènes, il faut, en raison de l'erreur qu'elle présente en moins sur la révolution solaire, quinze cent cinq ans environ(1) pour que les phénomènes physiques reparaissent aux mêmes dates dont ils s'étaient progressivement écartés; par conséquent, si l'on place le solstice d'été au premier pachon de l'année 275 avant Jésus-Christ, on peut dire que le solstice avait eu lieu à ce même quantième quinze cent cinq ans auparavant, c'est-à-dire en 1780, en 3285, et, comme le dit M. Biot sans trop de déférence pour la Bible, *à des époques plus éloignées encore, qui précéderaient de quinze cent cinq ans Ju-*

(1) *Journal des Savants*, juin 1857, p. 355.

liens (1) et nous reporteraient bien au delà des patriarches.

Cette période devient, comme on l'a maintes fois répété, la période Sothiaque, que les Égyptiens supposaient à tort de quatorze cent soixante ans, et tout s'explique ainsi le plus naturellement du monde. Seulement les textes anciens et les monuments ne confirment point toutes les hypothèses de l'honorable académicien (2), et l'on va voir comment d'interprétations en interprétations il est conduit aux inductions historiques les plus inattendues. Après avoir analysé la relation que Vansleb a donnée en 1763 de son voyage en Égypte (3), et les extraits de l'auteur arabe Makrizi que cette relation renferme, M. Biot s'empare du passage de Georges le Syncelle,

(1) *Journal des Savants*, août 1857, p. 488.

(2) M. Brunet de Presle, *Examen critique de la succession des dynasties égyptiennes*, 1850, pag. 32 et suiv.

(3) *Journal des Savants*, mai 1857, pag. 288 et suiv. C'est ce même Vansleb, dont l'ouvrage est dans toutes nos bibliothèques, que Colbert avait envoyé en Orient pour recueillir des manuscrits, et qui nous a rapporté l'*Almageste*, et non pas l'*Almanach* (Dezobry, *Dict. de Biographie et d'Histoire*, Paris, 1857, page 2432, ligne 48), d'Aboulwéfa, un des plus curieux débris de la science arabe.

qui fixe à l'année 1779 l'introduction des cinq épagomènes ou jours complémentaires dans le calendrier égyptien. A son avis, l'institution des cinq épagomènes remonte à une époque beaucoup plus reculée; mais elle serait tombée en oubli pendant l'invasion des rois pasteurs, qu'il place arbitrairement vers 3220 ans avant Jésus-Christ, et elle aurait été seulement rétablie en 1779(1). Puis, comme cette date ne coïncide pas exactement avec l'année 1780 dont il a besoin (2), M. Biot suppose que l'erreur vient de Georges le Syncelle ; et quelle preuve apporte-t-il pour justifier cette assertion? *une coïncidence* suivant lui *merveilleuse*, à savoir que les pleines lunes, en 1780, sont survenues du 16 au 20, c'est-à-dire presque au milieu de chaque mois (3), et que les Égyptiens, étonnés de ce *phénomène*, ont dû faire de cette année le point de départ de la réforme de leur calendrier. On ne saurait introduire avec plus d'esprit le roman dans la science; mais n'est-ce pas

(1) *Journal des Savants*, août 1857, p. 408 et suiv.
(2) *Id.*, *id.*, p. 490.
(3) *Id.*, *id.*, p. 493.

abuser un peu des libertés de la tribune savante? Si l'on joint à cela l'œil d'Horus, symbole d'un équinoxe (1), et la fête *des bâtons du soleil*, qui aurait été instituée parce qu'au solstice d'hiver le soleil *a besoin de soutien et de force*, ou parce qu'il est alors *si vieux* qu'il doit *mourir deux ou trois jours après* (2), on aura le tableau complet des singulières fantaisies auxquelles se livre quelquefois notre imagination.

Mais il est temps de nous transporter sur un autre terrain, et de rechercher si, dans un ordre d'idées plus pratiques, quelques travaux récents ont pu imprimer à la science des faits une impulsion favorable.

M. Henri Martin a publié en 1856, dans la *Revue archéologique*, un nouvel aperçu de notre système de numération(3) où il s'attache à démontrer, en s'appuyant sur le beau travail de M. Chasles : *de l'Abacus*, que ce système nous vient des Latins. M. Henri Martin

(1) *Journal des Sav.*, juin 1857, p. 367.

(2) *Id.*, p. 363.

(3) *Recherches nouvelles concernant les origines de notre système de numération écrite; Revue archéologique*, 13e année, p. 507-543 et 588-609.

a tort de nous comprendre parmi ceux qui n'acceptent pas l'interprétation donnée par cet illustre mathématicien du fameux passage de Boèce; il a le tort plus grave de circonscrire la question en excluant du débat l'influence arabe. Il combat avec un soin tout particulier l'assertion de Guillaume de Malmesbury, seule preuve, dit-il, des rapports de Gerbert avec les savants de Séville ou de Cordoue; il croit que le moine d'Aurillac, devenu archevêque de Reims, puis de Ravennes, et enfin pape sous le nom de Silvestre II, est disciple de Boèce, et que nos chiffres ne sont en réalité que les chiffres de Boèce lui-même. Cette double proposition peut assurément se soutenir; mais on se demandera comment les Occidentaux ont attendu si longtemps pour faire usage de cet excellent mode de numération. Pendant les cinq cents ans qui séparent Boèce de Gerbert, à l'époque brillante du règne de Charlemagne, c'est-à-dire d'un réveil littéraire qui a illuminé un instant le monde, on n'en eût pas certainement négligé l'application. D'un autre côté, les arguments négatifs de M. Henri Martin pourraient être facilement retournés contre lui. Que Gerbert ait puisé ses connaissances dans les écrits des Latins, d'accord; mais cette opinion n'est nullement inconciliable avec quelques emprunts faits aux Arabes d'Espagne. M. Henri Martin reconnaît lui-même que Gerbert se rendit en Catalogne (1), vers l'année 968 de notre ère, auprès de Borel, comte de Barcelone, et qu'il y resta jusqu'en 972 ; il dit en outre qu'il y étudia les mathématiques. Qu'y aurait-il d'étonnant à ce qu'il eût reçu quelque communication des récentes découvertes des Arabes? Le khalifat de Cordoue jetait alors son plus vif éclat; Abdérame III venait de mourir; il avait transplanté dans ses États les sciences de l'école de Bagdad; les princes chrétiens, avec lesquels il s'était efforcé d'entretenir les relations les plus pacifiques, allaient chercher à sa cour des médecins dont la célébrité était universelle et les instituteurs de leurs enfants. Il n'était point nécessaire que Gerbert sût l'arabe pour être frappé de la supériorité in-

(1). *Revue archéologique, id.*, p. 526.

tellectuelle des musulmans, et connaître par ses conversations journalières avec les hommes les plus instruits de Vich et de Barcelone une pratique d'un mérite incontestable et qui devait être bientôt généralement adoptée. Ajoutons que dans ce temps-là le moindre rapport avec les Arabes était lié à l'idée de sorcellerie, et Gerbert, comme on le sait, et comme M. Henri Martin le rappelle plusieurs fois, ne fut pas à l'abri de cette accusation. Il est donc naturel que, dans ses écrits, il ait évité avec soin de mentionner même leur nom, et qu'en se faisant le promoteur des croisades contre les infidèles il n'ait pas jugé à propos de parler de leur science, dont la notoriété commençait cependant à se faire jour.

M. Henri Martin rend souvent hommage, il est vrai, au génie arabe. Parlant des astrolabes, il ne paraît pas avoir connu le travail inséré par nous sur ce sujet dans le tome Ier des Mémoires des Savants étrangers publiés par l'Académie des Inscriptions et Belles-Lettres. Qui pourrait toutefois lui en faire un reproche, lorsqu'un membre de cette illustre compagnie, rendant compte de l'ouvrage de M. Morley, où notre dissertation est citée presque à chaque page, vante les planches données par le savant anglais, « qu'il eût été impossible, » dit-il, « de reproduire par un autre procédé typographique (1) », sans se douter que ces mêmes planches se trouvent pour la plupart dans le recueil que nous venons de mentionner, et que l'imprimerie impériale a su les exécuter avec la plus rare perfection?

Pour en revenir à notre sujet, il résulterait des conclusions prises par M. Henri Martin que Gerbert aurait remis en lumière l'*Abacus* de Boèce. Mais on ne voit pas très-clairement comment l'usage de nos chiffres aurait été la conséquence de cette étude nouvelle d'un texte ancien. M. Henri Martin dit que, par suite de l'erreur qui faisait attribuer à Gerbert des rapports avec les savants de Séville et de Cordoue, on a appelé *chiffres*

(1) *Description of a planispheric astrolabe,* constructed for Shah sultan Husain Safawi, king of Persia, etc., etc., by W. Morley, Londres 1856, in-fol., et *Journal asiatique*, 1856, t. VIII de la 5e série, p. 41.

arabes des chiffres qui sont ceux de Boèce; mais sur ce point il nous est impossible d'être de son sentiment. Nos chiffres sont bien les chiffres arabes, avec de légères modifications qui tiennent même à un simple changement de position; ainsi le ٢ , le ٣ , le ٤ et le > ne sont autres que le ٢, le ٣, le ٤ et le ٧ des manuscrits orientaux; notre 6 est le ٦ renversé; le ١ et le ٩ sont identiques; le 5 est le ٥ ouvert, et le 8 le ٨ devenu dans la transcription ႙ et &. — Il ne s'agit plus que de déterminer à quelle époque et pourquoi ces légères altérations ont eu lieu, et, si nous pouvons démontrer qu'elles sont dues aux Arabes d'Afrique et d'Espagne eux-mêmes, la question se trouvera bien près d'être résolue. Eh bien! cette preuve, nous la possédons. Le manuscrit arabe de la Bibliothèque impériale nº 1205, ancien fonds, contient l'extrait d'un traité d'Arzachel, qui florissait à Cordoue au milieu du onzième siècle, où la forme de nos chiffres apparaît très-distinctement (1) avec le . . . .

(1) Ms. ar. nº 1205, fol. 44 et suiv. : من مقالة الشيخ

pour zéro ; en voici la reproduction fidèle :

1 2 3 4 5 6 7 8 9 .

L'hypothèse de M. Henri Martin doit donc être abandonnée. Mais il en est une dernière que le savant professeur a mise en avant, et qui, de même, mérite examen. Après avoir soutenu que la dénomination de *chiffres arabes* ne suffit pas pour fixer leur origine, il ne doute pas que les Arabes n'aient emprunté à l'Inde, ce pays si intéressant à tant de titres, les chiffres qu'eux-mêmes appellent *chiffres indiens*, et il suppose que ces divers signes viennent de l'antique Égypte. Laissant de côté les Pharaons, qu'on est surpris de voir apparaître dans une semblable question, nous renverrons d'abord ceux qui veulent étudier la forme des chiffres à un excellent Mémoire lu par M. Jomard à l'Académie des Inscriptions, et où il est parfaitement démontré que les chiffres arabes et les chiffres sanscrits n'ont aucune ressemblance. Il nous

الفاضل ابى اسحاق ابراهيم بن يحيى النقاش الطليطلي
المعروف بالزرقال

serait également facile de prouver que les Arabes qui parlent du *calcul indien* dans leurs traités ont attribué à l'Inde des sciences ou des inventions purement grecques. Nous n'en voulons citer ici d'autres exemples que le *cercle indien*, tiré de Proclus (1), et le nom d'*hendeseh* (en persan *science de l'Inde*), donné à la géométrie des Grecs, et auquel il a été impossible de trouver une étymologie arabe. De plus, l'usage des dix chiffres, aussi bien dans l'Inde qu'en Arabie, est d'une date très-moderne, et peu à peu on arrive à l'opi-

(1) Voyez notre *Mémoire sur les Instruments astronomiques des Arabes*, p. 98. L'abbé Halma a publié une traduction des *Hypotyposes de Proclus*, dans le tome IV de son Ptolémée, d'après deux mss. de la Bibliothèque impériale, et il cite (p. 9) l'édition de Bâle, 1553, comme étant devenue si rare qu'il n'avait jamais pu se la procurer. Nous avons été assez heureux pour acquérir cet opuscule dans une vente publique faite en Allemagne, par l'entremise de M. le libraire Durand. Le titre porte le millésime 1540, *apud Joannem Vualder*. La comparaison du texte imprimé avec celui que nous a donné l'abbé Halma offre de si grandes différences qu'une édition nouvelle serait nécessaire. Si nos loisirs nous le permettent, nous nous en occuperons avec notre ancien élève et ami, M. le professeur Estienne. — Le passage relatif au cercle indien se trouve page 82 de la traduction de l'abbé Halma et page 16 de l'édition de Bâle.

nion que j'ai déjà soutenue, et d'après laquelle notre système de numération écrite, contenu en germe dans les écrits de Boèce et de l'école alexandrine, a pu très-bien pénétrer en Asie sous l'influence de quelque savant nestorien, se développer sous des formes diverses, et, adopté chez les Arabes, nous revenir par leur intermédiaire et dans des conditions nouvelles.

Ce qui confirmerait cette opinion, Monsieur et illustre Maître, c'est que les chiffres romains me semblent expliquer très-suffisamment l'origine des chiffres arabes, qui en seraient la représentation abrégée. Nous aurions en même temps la solution de cette énigme des chiffres *gobar* ou *gabour*, qui font le désespoir des érudits. Le mot *gabour* (1), si je ne me trompe, exprime les chiffres que l'on emploie dans l'écriture courante, et, si vous voulez bien porter votre attention sur le tableau suivant, vous penserez comme moi,

(1) غبور *Gabour*, Pars residua residens-ve rei. — غبر *Gabara* (IV) summam adhibuit diligentiam in conficiendâ re. Comparez le ms. arabe, suppl. n° 1912, fol. 22, avec la *Grammaire arabe* de Silvestre de Sacy, 1re édit., pag. 72.

peut-être, qu'on n'a pas besoin de chercher dans les signes symboliques des pythagoriciens ou des gnostiques un rapprochement qui s'offre de lui-même aux yeux les moins clairvoyants :

Chiffres romains.	Chiffres abrégés.	Chiffres arabes ou indiens.	Chiffres Gabour d'après le ms. ar. 1912.
I	١	١	١
II	١١	٢	٢
III	١١١	٣	٣
IV	١٧	٤	عو
V	٥ (1)	٥	٤
VI	٧١	٦	٥
VII	٧	٧	٧
VIII	٨	٨	٩
IX	٩	٩	٩

Si on ajoute à ces chiffres le point ou le zéro, on a notre système de numération décimale complétement figuré.

Ces diverses hypothèses se trouveront traitées avec plus de développements, Monsieur et illustre Maître, dans le tome III de mes *Matériaux* pour servir à l'histoire des sciences exactes chez les Grecs et les Arabes, auquel

(1) Le ٧ étant conservé comme signe abréviatif du 7, et du 8 sous sa forme renversée ٨, le 5 ordinaire (٧) a été fermé par un trait transversal et a pris la forme du ٥.

je mets la dernière main. Cet ouvrage terminé servira de pièces justificatives au livre qui a été le but de toute ma vie : l'*Histoire de l'Astronomie, et, subsidiairement, des Mathématiques et de la Géographie chez les Orientaux,* dont la rédaction est aujourd'hui très-avancée.

Et s'il m'est permis de consacrer encore quelques années à ces études, je pourrai compléter mon travail sur l'uranographie d'Abderrahman Soufi, et montrer, en comparant les observations des Grecs, des Arabes et des modernes, les changements survenus dans l'aspect des étoiles, un des points les plus intéressants de l'astronomie pratique.

Enfin je prépare une édition complète d'Ebn-Jounis, dont les tables ont remplacé celles de Ptolémée dans tout l'Orient, et qui nous a transmis un monument si précieux de la science des Arabes. Deshauterayes, Caussin de Perceval et mon père en ont signalé toute l'importance ; mais, sur les quatre-vingts chapitres dont se compose la grande table Hakémite, trois seulement ont été publiés intégralement. En comblant cette lacune nous espérons rendre un nouveau service à ceux qui, plus heureux que nous, puiseront dans des encouragements éclairés le désir de poursuivre la carrière ingrate où nous nous sommes engagé depuis tant d'années, et de représenter la France dans un ordre de connaissances que personne ici ne songe à cultiver.

J'espère que votre savante approbation continuera de soutenir mes efforts et en sera la flatteuse récompense, et je vous prie, Monsieur et illustre Maître, d'agréer la nouvelle assurance de mes sentiments les plus respectueux et les plus dévoués.

SÉDILLOT.

OUVRAGES DU MÊME AUTEUR.

---

1. *Traité des instruments astronomiques des Arabes*, traduit d'Aboul-Hassan par J.-J. Sédillot, et publié avec une introduction. 1834-1835. 2 vol. in-4° avec planches.
2. *Mémoire sur les instruments astronomiques des Arabes*, inséré dans le tome Ier des Mémoires des Savants étrangers, publiés par l'Académie des Inscriptions et Belles-Lettres. 1841-1845. 1 vol. in-4° avec planches.
3. *Mémoire sur les systèmes géographiques des Grecs et des Arabes, et en particulier* SUR LA COUPOLE D'ARINE, *servant chez les Orientaux à déterminer la position du premier méridien dans l'énonciation des longitudes.* 1842. In-4° avec deux cartes.
4. *Recherches nouvelles pour servir à l'histoire des sciences mathématiques chez les Orientaux*, ou Notices de plusieurs opuscules qui composent le manuscrit 1104 de la Bibliothèque impériale (faisant partie du tome XIII des Notices et extraits des manuscrits publiés par l'Académie des Inscriptions et Belles-Lettres). In-4° avec planches.
5. *Lettre sur quelques points de l'astronomie orientale.* In-8°.
6. *Notice du Traité des* CONNUES d'Hassan-ben-Haithem. In-8° avec planches.
7. *Nouvelles recherches pour servir à l'histoire de l'astronomie chez les Orientaux*, et Notes relatives à la découverte *de la Variation* par Aboul-Wéfa de Bagdad. 1836-1845. In-8° et in-4°.
8. *Mémoire sur un sceau du sultan Schah-Rokh, fils de Tamerlan*, et sur quelques médailles des Timourides de la Transoxiane. In-8°.
9. *Matériaux pour servir à l'histoire comparée des sciences mathématiques chez les Grecs et les Orientaux.* 1845-1850. 2 vol. in-8° avec cartes et planches.
10. *Tables astronomiques d'Oloug-Beg*, introduction, 1er fascicule. 1839. In-8°.

11. *Prolégomènes des Tables astronomiques d'Oloug-Beg*; texte, traduction et commentaires. 1846-1853. 2 vol. in-8°.

12. *Lettre à M. de Humboldt sur les travaux de l'école arabe*. 1853. In-8°.

13. *Histoire des Arabes*. 1853. In-12.

14. *Manuel de chronologie universelle*, comprenant un Traité du calendrier arabe; 4e édition. 2 vol. in-18.

15. *Notice de l'histoire des sultans Mamlouks*, de Makrizi, publiée par M. Quatremère; fasc. I, II, III. In-8°.

16. *Notice de l'ouvrage de M. Jomard intitulé* : Études géographiques et historiques sur l'Arabie. In-8°.

17. *Notice sur le voyage au Darfour*, et sur les voies de communication ouvertes dans l'Afrique centrale. In-8°.

18. *Notice de l'ouvrage de M. Lelewel intitulé :* Géographie du moyen âge. In-8°.

19. *Rapport sur l'ouvrage de M. Reinaud intitulé :* Mémoire sur l'Inde, etc.; fasc. I et II. In-8°.

20. *Appel aux gouvernements d'Europe et d'Amérique sur le choix d'un premier méridien commun pour l'énonciation des longitudes terrestres*. In-8°.

21. *De l'algèbre chez les Arabes*. 1853. In-8°.

22. *Rapport sur un ouvrage de M. Th.-H. Martin, intitulé :* Examen d'un Mémoire posthume de M. Letronne et de ces deux questions : 1° La circonférence du globe terrestre a-t elle été mesurée exactement avant les temps historiques? 2° Les erreurs et les contradictions de la géographie mathématique des anciens s'expliquent-elles par la diversité des stades et des milles? In-8°. 1854.

23. *Deuxième lettre à M. de Humboldt sur quelques points de l'histoire de l'astronomie et des mathématiques chez les Orientaux*. In-8°. 1859.

24. *Articles de critique et opuscules divers* (Revue encyclopédique, 1828-1832; Revue britannique, 1826-1834; Journal asiatique, 1834-1853; Supplément au Dictionnaire de la Conversation, 1844-1848; Bulletin de la Société de Géographie, 1851-1852), Biographie universelle de Michaud, etc., etc.

ANDREAS LAMBERT

JANI Rector et Conditor

•

JACOBUS van GRIETHUYSEN

a secretis

•

Jano constantem collaborationem promiserunt :

EDMONDUS AUBÉ, GUILIELMUS AUER, MAXIMILIANUS FAZY, HENRICUS JACOUBET, GUILIELMUS KOSTER, GEORGIUS PRÉVOT, A.D. VAN REGTEREN-ALTENA, HERBERTUS ROSE, JACOBUS TASSET. ANDREAS THÉRIVE.

Curator Gerens : *Johannes Malye.*
Typographus : *C. A. Bédu, St-Amand (Cher)*

www.ingramcontent.com/pod-product-compliance
Ingram Content Group UK Ltd.
Pitfield, Milton Keynes, MK11 3LW, UK
UKHW022200190726
13855UKWH00004B/1558